도시, 정원을 꿈꾸다

2015 경기정원문화대상 수상작품집

2015 경기정원문화대상 수상작품집

도시, 정원을 꿈꾸다

발행일   2015년 9월 14일
발행인   경기농림진흥재단 대표이사 최형근
펴낸곳   경기농림진흥재단
기획   최연철, 최문선
주소   경기도 수원시 장안구 경수대로 1128
전화   031.250.2700 팩스 031.250.2709

편집   (주)환경과조경
출판   도서출판 조경
주소   서울특별시 서초구 서초대로 62
전화   02.521.4626 팩스 02.521.4627

도시,
정원을 꿈꾸다

2015 경기정원문화대상 수상작품집

2015
경기정원문화대상
수상작품집

생활 속 아름다운 정원을 찾아 나서는 제4회 경기정원문화대상에 참여해주신 모든 도민 여러분께 깊이 감사를 드리며, 무엇보다 수상하신 여러분들께 진심으로 축하드립니다.

경기정원문화대상은 2006년 제1회를 시작으로, 2011년, 2013년에 이어 올해 네 번째로 개최됐으며, 2010년 처음 시작돼 2012년과 올해 가을에 개최될 경기정원문화박람회와 번갈아가며 격년 단위로 개최되고 있습니다.

현재 국내 정원문화는 정원에 대해 부쩍 높아진 대중적 관심과 함께 격변의 시기를 지나고 있습니다. 특히 지난해에는 정원산업을 체계적으로 키우기 위한 '수목원·정원의 조성 및 진흥에 관한 법률', 이른바 정원법이 통과돼 올해 7월부터 시행에 들어갔습니다. 이 정원법에서는 정원을 조성과 운영 주체에 따라 국가정원, 지방정원, 민간정원, 공동체정원으로 나누고, 이를 조성하기 위해 국가적 지원을 명시하고 있습니다. 이에 따라 2013년 국제박람회가 열렸던 순천만정원이 올해 제1호 국가정원으로 지정되는 경사를 맞았으며, 앞으로 관리와 운영에 있어서 국가의 지원을 받는 첫 사례가 될 것입니다.

경기정원문화대상은 국내 정원문화가 정착되는 데 큰 역할을 해 온 대표적인 공모전입니다. 아름답게 조성된 생활 속 정원을 발굴해 시상함으로써, 정원에 대한 대중적인 관심을 환기시키고, 이를 통해 다시 일상 속 정원을 확산시키는 공공적 기능을 하고 있습니다. 올해도 많은 도민들의 땀이 담긴 정원들이 다수 응모됐으며, 이에 심사에서는 '정원을 가꾸는 사람'의 열정과 노력을 높게 평가해 '정원문화 공동체'로 정원문화가 전파될 수 있는 모델 발굴에 중점을 두었습니다.

아름다운 정원은 사람의 마음도 아름답게 만듭니다. 아름다운 사람들이 사는 마을이 모여 건강한 도시를 이루 듯, 정원은 도시민의 삶을 윤택하게 하는 윤활제이자 도시의 생명을 불어넣는 활력소가 될 것으로 믿습니다.

'제4회 경기정원문화대상'에 참여해주신 스탭 및 참가자 분들의 노고에 감사드리며, 수상자 여러분의 수상을 축하드립니다. 아울러 일상 곳곳에서 정원을 가꾸며 경기도를 정원 도시로 만들어 가고 계신 많은 도민들께도 감사드립니다.

2015년 9월 14일
경기농림진흥재단 대표이사
최형근

©유청오

CONTENTS

GOLD PRIZE GARDEN

금 상 수 상 작

모현보니또정원
플로라하우스
햇살정원

GOLD PRIZE GARDEN

🌿 금상
모현보니또정원

보니또는 스페인어로 "참 좋은, 예쁜"이라는 의미이고, 우리말로 "보니 또 보고 싶다"는 의미도 있습니다.
'보니또정원'은 포천 모현의료센터에 입원해 계시는 말기암 호스피스 환자들과 요양원 어르신들과
그 가족들에게 꽃을 통해 삶의 위로와 기쁨을 주는 정원입니다.
모든 분들이 힘들고 고통스러운 순간들은 다 잊으시고 아름답고 화사한 꽃처럼 좋은 것만 기억하시고
편안하게 삶을 정리하는 데 도움이 되었으면 합니다.

정원 정보

정원 유형 : 공동정원

주소 : 경기도 포천군 왕방로

정원 면적 : 3,300㎡

정원을 가꾼 기간 : 3~5년

정원의 용도 : 호스피스병동 환자, 노인요양원 어르신, 직원,
방문객, 지역주민 등을 위한 정원

주요 식재수종 : 꽃나무와 다년생 화초

시설물 현황 : 파고라

관리 작업 : 물주기, 화단조성, 수목 전지·전정

관리 소요시간 : 월 2회

관리 주체 : 미소가득 화초봉사단

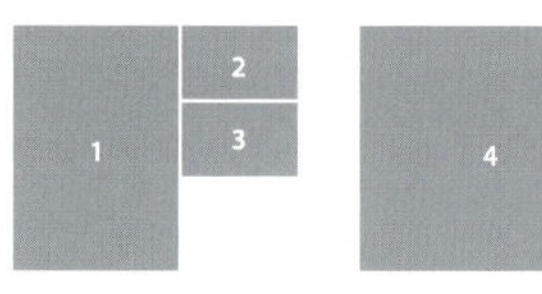

1 화단 사이의 목재 산책로
2 아기자기한 첨경물을 곳곳에 배치했다.
3 환자들이 위안을 얻을 수 있도록 화사한 꽃을 중점적
  으로 식재했다.
4 모현보니또 옥상정원

본 동
세 종 렌 탈

1 '미소가득 화초봉사단'이 월 2회의 자원봉사를 통해 가꾸고 있는 꽃밭
2 봉사자들은 물론 환자와 가족들이 가장 애착을 갖고 있는 성모님 상 주변
3, 4, 5
환자들에게 긍정적인 마음가짐이 필요하다는 생각에서 밝고 화사한 초화류를 식재해 놓았다.

1 모현보니따정원 휴게공간
2 모현보니따정원 전경사진

1 모현보니또정원 평면도

Q 어떤 계기로 정원 가꾸기 자원봉사를 시작하게 되었나요?

A 2011년 2월에 '마리아의 작은 자매회' 까리타스 수녀님과의 인연으로 포천 모현의료센터(호스피스, 요양원)를 방문하게 되었습니다. 1층 로비에 실내정원이 있었는데 관리가 되지 않아 화단 밑으로 물이 새고 화초들은 시들어 있어서 삭막해 보였지요. 이곳에 계시는 호스피스 환자분들과 요양원 할머니들이 실내정원의 죽어가는 화초들을 보시면 마음이 우울하고 아플 것 같다는 생각이 들었고, 그래서 사비로 실내정원을 새롭게 단장해 드리면서 정원 가꾸기 자원봉사를 시작하게 되었습니다.

Q 다양한 성격의 자원봉사 중에서 정원 가꾸기를 선택한 이유는요?

A 꽃은 늘 화사하게 방긋방긋 웃으며 사람들에게 긍정적인 메시지를 줍니다. 물질적인 나눔도 중요하지만 꽃으로 아름다움을 나누어 사람들의 마음을 즐겁게 하는 것도 가치 있는 봉사라는 생각을 하게 됩니다.

Q 모현보니또정원에서 가장 애착이 가는 공간과 그 이유는요?

A 성모님 상 꽃밭입니다. 성모님 상 앞에서 간절히 기도하는 환자분과 가족들을 보면 숙연해 지기도 하고 더 아름답게 꽃밭을 단장해야겠다는 생각을 하게 하는 곳이지요. 현재 성모님 상은 그곳에서 임종 사목을 하고 계시는 수녀님들의 정성에 감동받아서 천주교 신자는 아니지만 환자분의 가족들이 만들어 주었다고 합니다. 얼마 전에도 화초 봉사를 하고 있는데 40대 말기암 환자인 아들의 입원수속을 마친 할머니 한 분이 제일 먼저 성모님 상 앞에 와서 간절히 기도하는 모습을 보았지요. 성모님께 마음을 다해 기도를 바치는 곳이라 더욱 애착을 가지고 아름답게 만들고 있습니다.

수상소감

신현자(미소가득 화초봉사단 단장)

먼저 저를 믿고 물질적인 후원과 노력 봉사를 해 주신 봉사단원들과 항상 응원해 주시고 격려를 해 주셨던 모든 분들에게 감사를 드립니다. '미소가득 화초봉사단'은 올해부터 마음의 감기를 앓고 있는 분들을 위해 이천 성안드레아 신경정신병원에서도 꽃을 심고 가꾸는 봉사를 시작했습니다. 이번 경기정원문화대상의 수상을 계기로 호스피스 환자 및 신경정신병원 환자와 그 가족들을 위해 더욱 아름다운 정원을 만들도록 노력하겠습니다.

GOLD PRIZE GARDEN

플로라하우스

정형화 된 정원이 싫어 전문가에게 맡기지 않고 우리가 직접 '지형에 어울리는 정원을 만들자'라는
목표로 각각의 장소에 맞는 식물들을 심기 시작했습니다.
한번은 정원에 전문가가 방문한 적이 있었는데 엉성하고 관리를 잘못했단 생각에 창피했지만,
자연스럽고 관리가 잘 되어 있다는 칭찬에 자신감을 얻어 더욱더 열심히 했습니다.
정원을 가꾸고 돌보는 동안 있었던 일들, 도란도란 얘기하며 정원을 가꾸다보니
어느덧 13년이 훌쩍 지나왔는데 앞으로도 이렇게 정원을 가꾸며 행복하게 살기를 바랍니다.

정원 정보

정원 유형 : 개인정원

주소 : 경기도 용인시 처인구 이동면

정원 면적 : 2,000㎡

정원을 가꾼 기간 : 10~20년

정원의 용도 : 우리 가족을 위한 정원, 이야기가 있는 정원,
부부의 꿈을 담은 정원

주요 식재수종 : 소나무, 벚나무, 수국, 산수국, 단풍나무, 철죽 외

시설물 현황 : 연못, 데크, 파고라, 조형물

관리 작업 : 물주기, 잔디깍기, 제초, 화단조성, 수목 전지·전정

관리 소요시간 : 매일 2시간 이하

관리 주체 : 부부

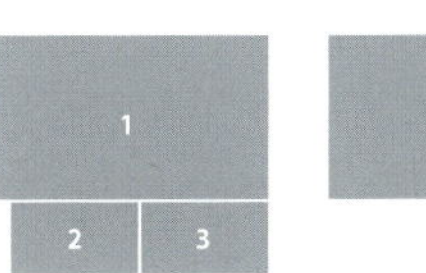

1 근사한 수형의 공작단풍나무가 시선을 사로잡는 데크 공간
2 냇가의 물을 이용해 만든 계류와 연못
3 화분과 첨경물을 정원 곳곳에 배치했다.
4 2003년부터 가꾸기 시작한 정원이어서 깊이감과 연륜이 느껴진다.

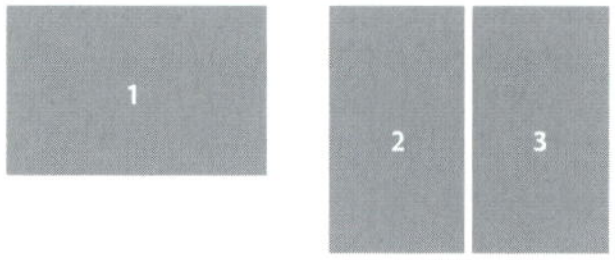

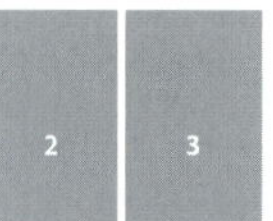

1 주택 앞 정원 전경
2 뒤편으로 보이는 소나무를 맨 처음 심으면서 본격적으로 정원을 가꾸기 시작했다.
3 목재 데크의 화사한 꽃무늬 패턴이 이곳이 플로라하우스임을 넌지시 일러준다.

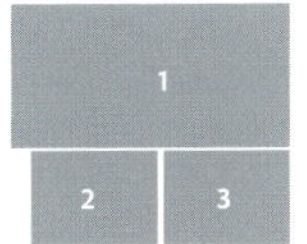

1 너른 잔디밭과 계류(사진 좌측)
2 주택에서 바라본 잔디밭
3 주변의 아늑한 산세에 정원이 안겨 있는 듯한 모습이다.
4 주택 앞 전경
5 철쭉, 눈주목, 단풍나무, 구상나무, 라일락, 마로니에,
  분꽃나무, 모과나무, 매화나무, 낙상홍 등 다양한 수목
  정원을 감싸고 있다.

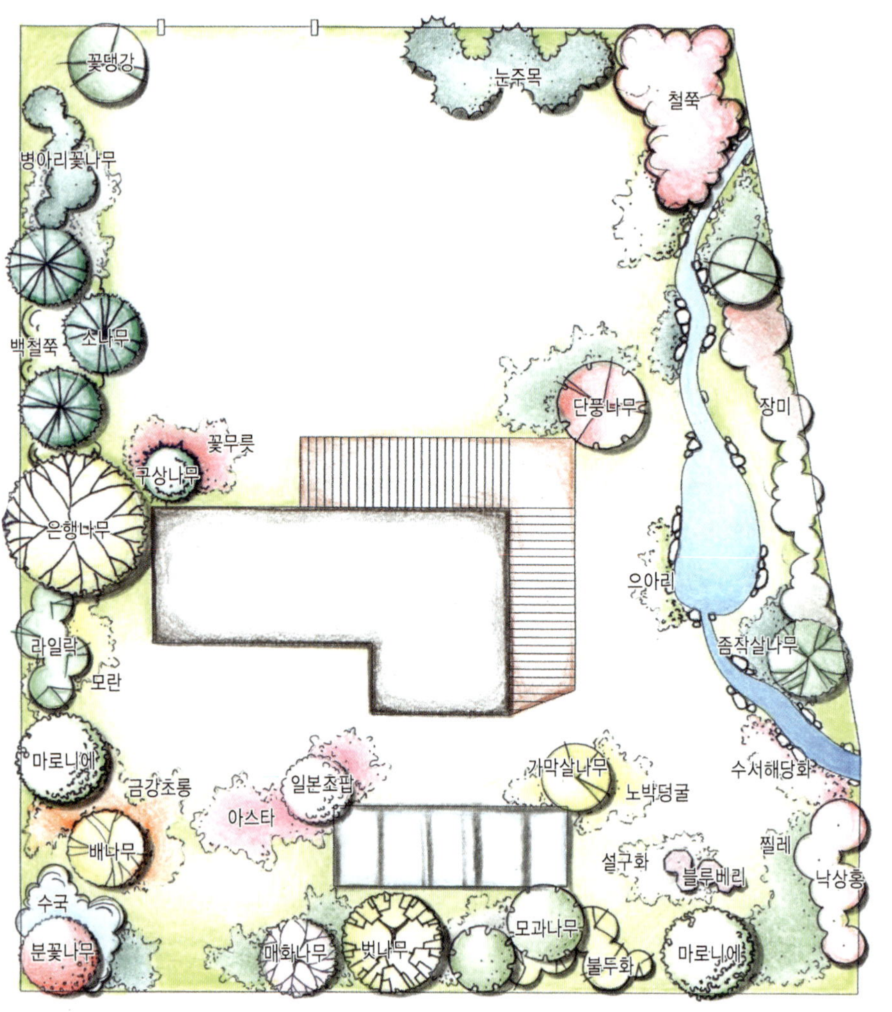

꽃댕강
눈쥬목
철쭉
병아리꽃나무
백철쭉
소나무
꽃무릇
구상나무
은행나무
단풍나무
장미
으아리
라일락
모란
좀작살나무
마로니에
금강초롱
일본초팝
가막살나무
노박덩굴
수서해당화
아스타
설구화
블루베리
찔레
낙상홍
배나무
수국
분꽃나무
매화나무
벚나무
모과나무
불두화
마로니에

1 플로라하우스 평면도

Q 언제부터 정원을 가꾸기 시작했나요?
A 2003년 3월 정원 설계를 처음으로 시작했습니다. 제일 처음 소나무를 식재하였고 다음 작은 나무들과 꽃을 차례로 심어, 정원을 가꾸기 시작했습니다.

Q 플로라하우스에서 가장 마음에 드는 공간과 그 이유는요?
A 정원 가운데에 연단이 하나 있는데, 그 곳이 가장 마음에 드는 공간입니다. 연단을 직접 만들어 작년 딸의 결혼식 날, 시집가는 딸의 행복하고 화목한 가정생활을 바라고, 새로운 출발을 축복하는 장소로 이용하여 더욱더 특별히 여겨지고, 애착이 가는 공간입니다.

Q 정원을 즐기는 나만의 노하우가 있다면요?
A 특별한 노하우는 아니지만 꽃을 식재할 경우 계절의 안배와 다양한 색감을 살려 심고 공간연출을 게을리 하지 않는 것입니다.

Q 계류와 연못이 잘 관리된 것으로 보이는데, 어떻게 관리하고 있나요?
A 냇가의 물을 이용해 계류를 만들고 그 물을 다시 냇가로 흘려보내기 때문에 특별한 관리가 필요하지 않습니다. 그저 주변의 웃자란 식물들과 지저분한 풀들을 정리해 주는 것이 관리 방법입니다.

Q 정원에서 가장 마음에 드는 식물과, 그 이유는요?
A 정원에 있는 많은 나무와 꽃들이 예쁘고, 소중하지만 그 중 가장 좋아하는 식물은 산수국, 아나벨 수국 등 수국 종류를 좋아합니다. 수국은 큰 꽃으로 화려함을 빛내고 색은 은은하게 피어 우아함을 느낄 수 있습니다. 화려하고 우아함을 동시에 지니고 있어 연약해 보이지만, 추위에도 강인한 모습을 보여 가장 아끼고, 마음에 드는 식물 중 하나입니다.

수상소감
윤선자

주변 지인으로부터 경기농림진흥재단에서 생활 속 정원문화 확산을 위해 2년에 한번 아름다운 정원을 찾는 행사가 있다고 적극 추천받아 응모하게 되었습니다.
설마 상을 받을 수 있을까 하는 마음으로 응모했는데, 뜻밖의 금상 소식에 너무 감사하고 믿기지 않는 매일을 보내고 있습니다. 아무것도 없는 척박한 환경이었던 마당의 빈 공간을 채워나가면서 정원 가꾸기를 시작했습니다. 정원이란 거창한 예술의 공간이 아닌 누구에게나 주어진 환경 속에서 남녀노소가 꿈꾸며 가꾸고 즐길 수 있는 공간이라 생각합니다. 녹색을 꿈꾸는 모든 분들에게 다시 한번 감사드립니다.

금상
햇살정원

사랑과 사랑으로 하나된 꽃들과 나무들을 보면서 전율을 느낍니다.
모든 것이 제 손길이 닿아서인지 "보고있어도 보고싶은"이라는 노래가사처럼 저는 보고 또 봅니다.
지금은 야생화의 번식도 산목도 너무 많아 퍼내도 퍼내도 퍼낸 흔적을 찾을 수 없는 느낌입니다.
지금도 많은 분들이 오셔서 행복해 하시는 걸 보면 너무 잘했다 싶습니다.
정원은 내 인생 최고의 동반자, 내 삶을 풍성하게 해준 친구 같습니다.

정원 정보

정원 유형 : 개인정원

주소 : 경기도 성남시 분당구 석운동

정원 면적 : 4,900㎡

정원을 가꾼 기간 : 10년~20년

정원의 용도 : 방문객, 직원 등을 위한 정원

주요 식재수종 : 작약, 모란, 데이지, 구절초, 쑥부쟁이, 조팝 외

시설물 현황 : 연못, 데크

관리 작업 : 물주기, 잔디깍기, 화단조성, 수목 전지·전정

관리 소요시간 : 매일 2시간 이상

관리 주체 : 부부

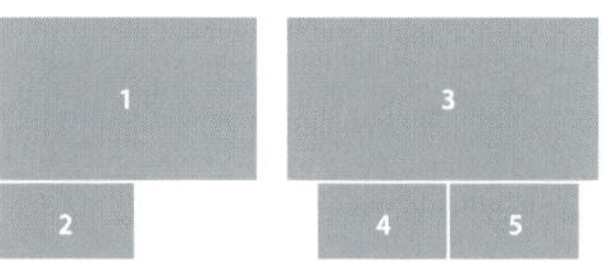

1, 2
17년 동안 가꾸온 정원답게 풍성한 식물이 정원에
가득하다.
3 아름드리 나무가 시원한 그늘을 선사해주는 휴게공간
4, 5
다양한 초화류가 계절마다 새로운 컬러로 정원을 장식한다.

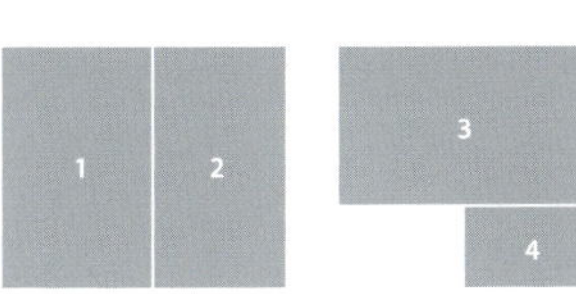

1, 2
정원 사이로 난 길
3 주변 산세와 조화롭게 어울리는 햇살정원
4 주택 앞 정원 전경

1 담쟁이가 녹색 기둥을 연출하고 있는 건물 외벽

2, 3, 4
다양한 가든 퍼니처와 미소를 자아내는 조형물을
정원 곳곳에 설치해 놓았다.

5 담쟁이가 연출한 싱그러운 벽면 녹화

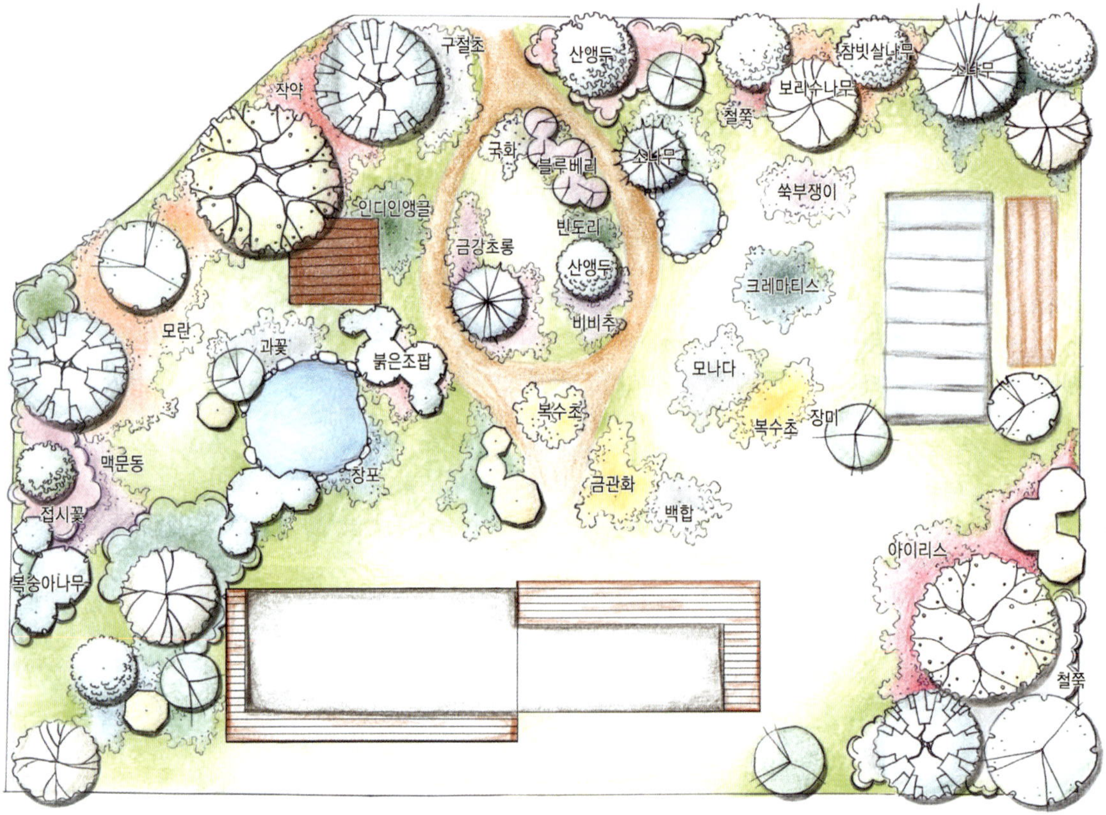
구절초
산앵두
참빗살나무
소나무
작약
보리수나무
철쭉
국화
블루베리
소나무
쑥부쟁이
인디인앵글
빈도리
금강초롱
산앵두
크레마티스
모란
과꽃
붉은조팝
비비추
모나다
복수초
복수초
장미
맥문동
창포
금관화
백합
접시꽃
아이리스
복숭아나무
철쭉

1 햇살정원 평면도

Q 방문객과 직원을 위한 정원이라고 되어 있는데, 햇살정원은 어떤 곳인가요?

A 최고의 힐링은 꽃이라고 하는데 저희 집에 오시는 분들이 이 공간으로 인해서 힐링이 되면 좋겠다고 생각했고, 생각보다 많은 분들이 행복하다고 해주셔서 감사하게 생각합니다. 여러분들이 함께 하는 공간이라고 생각합니다.

Q 정원에서의 음악회는 어떤 계기로 시작하게 되었나요?

A 정원에서 혼자 산책을 하다가 이 공간이 너무 아깝다는 생각이 들어서 제일 예쁜 시기를 정해서 하게 됐습니다.

Q 식물에 대한 지식이 아주 해박한 것 같습니다. 언제부터 식물에 관심을 갖게 되었나요?

A 어렸을 때부터 동네 길가에 있는 꽃들을 뽑아다가 꽃밭을 항상 만들었던 기억이 납니다.

Q 정원 관리에서 가장 힘든 점을 꼽는다면요?

A 풀뽑는 작업이 힘들긴 하지만 정원으로 인해서 훨씬 행복하기 때문에 힘들다고 말하고 싶지 않습니다.

Q 반대로 정원 일의 즐거움을 꼽는다면요?

A 사계절과 시간 흐름에 따른 변화로 인해 기다리게 하는 설레임이 있습니다.

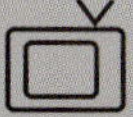

**수상소감
이복임**

저희 집은 원래 아파트였는데 오시는 분들이 많아서 이웃에서 시끄럽다고 많이 불편해 했습니다. 그래서 찾던 끝에 너무 마음에 드는 곳을 만나게 되었습니다. 마음껏 자유로울 수 있는 공간이어서 많이 설레였습니다.

17년 전 맨 땅에 호미질 할 때가 생각납니다. 할 일은 태산인데 여러 가지로 부족한 것이 많아서 막연할 때 내 안에서 "지금 이 호미질이 아름다운 천국으로 변화시킬 것"이라는 소리가 들리는 것 같았습니다.

그 때부터 힘들다라는 생각을 해본 적이 없습니다. 매일 설레임으로 기다리며 일어나서 맨 먼저 정원으로 나갔습니다. 그 동안의 수고가 인정받고 검증받은 느낌이어서 새로운 큰 힘을 만난 것 같습니다.

SILVER
PRIZE
GARDEN

은 상 수 상 작

가든 깜빠넬라

로사의 정원

마음의 정원

맑음

장미아치가 있는 힐링가든

SILVER PRIZE GARDEN

 은상

가든 깜빠넬라

'Garden Campanella'는 꽃을 너무 좋아하는 아내의 60회 생일 선물로 만든 정원입니다.
'La campanella'는 이탈리아어로 집 앞 대문에 붙어 있는 작은 종(초인종)을 뜻합니다.
아내 이름에 한자로 방울 (鈴)이 들어 있고 방울꽃 종류를 유난히 좋아하는 아내를 위해
정원 이름을 'Garden Campanella'로 정했습니다.
'Garden Campanella project'는 진행형이며 제가 움직일 수 있는 순간까지
아름다움과 행복을 추구하는 정원으로 계속 진화할 것입니다.

정원 정보

정원 유형 : 개인정원

주소 : 경기도 양평군 강하면 성촌길

정원 면적 : 600㎡

정원을 가꾼 기간 : 3년

정원의 용도 : 부부의 꿈을 담은 정원

주요 식재수종 : 단풍나무, 벚나무, 소나무, 자두나무, 영산홍, 장미 외

시설물 현황 : 연못, 데크, 온실

관리 작업 : 물주기, 잔디깍기, 제초, 화단조성, 수목 전지·전정

관리 소요시간 : 매일 2시간 이상

관리 주체 : 부부

1 자수화단으로도 불리는 파르테르 스타일로 만든 정원. 파르테르란 회양목처럼 작고 손질하기 쉬운 관목으로 경계를 만들고 그 안에 초화류를 식재하는 방식을 일컫는다.
2 다양한 유럽 정원 스타일을 적용했는데, 이곳은 장미가 주인공인 로즈 가든이다.

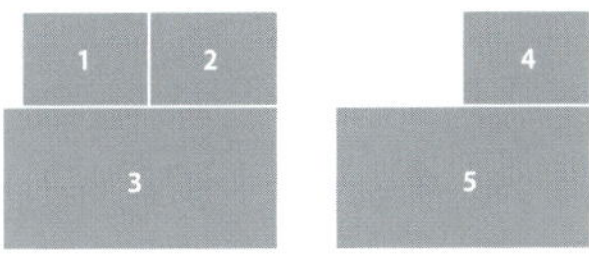

1 로즈 가든을 비롯해 로맨틱한 느낌이 물씬 풍기는 정원이다.
  메인 동선의 포장 패턴에도 많은 공을 들였다.
2 자수화단과 메인 동선 사이에는 약간의 단 차이가 있다.
3 주택 출입구. 장미 덩굴이 반겨준다.
4 정원 측면에서 바라본 주택 전경
5 벽돌로 만든 수경시설

1 조형적인 느낌이 나는 담장과
  파란 벤치가 시선을 끈다.
2 회양목으로 경계를 두른 자수화단
  안에 실용적인 텃밭을 만들었다.

Q 경기농림진흥재단의 조경가든대학 수업을 듣게 된 계기는 무엇인가요?

A 집과 어울리는 정원을 만들려고 조경 공사에 관하여 알아보던 중 모 대학의 조경시공 강의페이지를 발견하게 되었고 그 강의가 조경가든대학의 수업과 연관되어 있다는 사실과 경기농림진흥재단의 주관 하에 경기도 내의 많은 교육기관에서 시행되고 있음을 알게 되었습니다. 2012년 대림대학교 조경가든대학에 입학하고 조경과 가드닝에 대하여 처음 공부하게 된 후 직접 정원을 만들고 꽃을 키우는 일이 삶에 엄청난 활력과 행복을 가져다준다는 사실을 깨닫게 되었습니다. 2013년 귀농 귀촌학교 원예과정도 수료한 후 지금은 정원 가꾸기에 푹 빠져 하루하루를 정원 속에서 보내고 있습니다.

Q 로맨틱 가든, 로즈 가든, 키친 가든 등 다양한 성격의 소정원으로 구성되어 있는데 가장 마음에 드는 곳과 그 이유는 무엇인가요?

A 텃밭을 포멀 가든으로 바꾼 키친 가든도 맘에 들고 꽃의 여왕이라는 화려한 장미들의 아름다움이 넘치는 로즈 가든도 좋지만 제일 마음에 드는 건 역시 로맨틱 가든입니다. 이른 봄 눈 녹은 땅속에서 힘차게 올라오는 새싹들의 힘찬 생명력을 볼 수 있고 4월부터 11월까지 끊이지 않고 피는 형형색색의 꽃들이 어우러져 있는 모습이 정말 아름답습니다.

Q 개인 주택 정원이라고 믿기 힘들 정도로 다양한 초화류가 심겨 있는데, 나만의 초화류 관리 노하우가 있다면 무엇인가요?

A 주택 주위에 큰 나무를 많이 심어 숲속의 정원을 만들고 유럽풍의 주택과 어울리게 만든 정원이라 초화류 중심의 정원이 되었습니다. 겨울이 몹시 추운 곳이라 기본적으로 월동이 가능한 숙근류 중심으로 식재 디자인을 하였으며, 가능하면 개화시기가 겹치지 않게 봄꽃, 여름꽃, 가을꽃, 식물을 고르게 심었고 꽃의 색상과 키도 고려하여 심었습니다. 일년초는 2월부터 온실에서 모종을 만들어 4~5월에 옮겨심기를 합니다. 키친 가든의 한 구역은 구근 식물만 키웁니다. 추식 구근(튤립, 무스카리, 알리온 등)은 종류별 색상별로 심어 봄에 꽃이 피었을 때 꽃들이 예쁜 문양이 될 수 있도록 식재합니다.

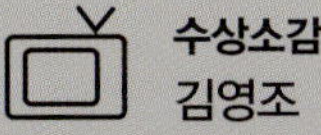

**수상소감
김영조**

매달 초 이메일로 날아오는 '내가 그린 경기도' 뉴스레터에서 정원문화대상 공모전 기사를 읽고 내가 직접 만든 정원을 평가 받아보고 싶은 마음이 들었습니다. 설계와 시공을 전문 업체에 맡기기엔 경제적인 형편도 여의치 않았고 주위에 유럽식 정원을 경험해 보신 업체도 찾기 힘들어 장기 계획을 세우고 직접 만들긴 했지만 잘 만들어졌는지에 대한 자신은 없었습니다. 2차에 걸친 심사위원님들의 격려 말씀을 통하여 약간의 기대를 가지긴 했습니다만, 은상 수상 소식에는 정말 날아갈 듯 기뻤습니다. 벽돌과 시멘트 포대를 나르느라고 비탈길을 오르내리며 흘렸던 그 많은 땀과 밤잠을 설치게 했던 손가락 뼈마디의 통증이 모두 날아가는 기쁨을 느꼈습니다. 조경가든대학에서 만나게 되어 바쁘신 중에도 귀찮아하지 않으시고 자문에 응해 주신 임춘화 교수님과 꽃이라면 자다가도 벌떡 일어나는 아내에게 정말 감사하다는 말씀 전하고 싶습니다. 그리고 오늘 제가 원하는 정원을 가질 수 있게 제도적으로 큰 도움을 주신 경기농림진흥재단에 감사드립니다.

 은상

로사의 정원

일년 열두 달 꽃이 있는 정원으로 즐기기 위해 새해 처음 피는 복수초부터 겨울 눈꽃까지 사시사철 꽃이
이어지도록 했습니다. 꽃과 나무의 선택은 어릴 적 흔히 보고 자란 우리나라 야생화를 중심으로 심었습니다.
꽃과 나무의 배치는 구역을 나누어 무리를 이루도록 심었으나, 집안 창문 앞에 있는 화단에는
계절마다 피는 꽃을 넣어 변화를 주었고 특히 겨울철에는 잎이 단풍으로 물드는
예쁜 남천을 집 주변에 심어 겨울의 황량함을 잊게 했습니다.
또 남천은 빨간 열매가 봄까지 달리는데 하얀 눈과 만나면 더욱 아름답습니다.
언제 누가 와서 보아도 편안하게 꽃 이야기로 이야기거리를 만들어주는 우리 집 정원,
로사의 정원은 언제나 우리의 아지트이며 감사의 정원입니다.

정원 정보

정원 유형 : 개인정원

주소 : 경기도 용인시 처인구 남사면 창리

정원 면적 : 1,500㎡

정원을 가꾼 기간 : 5년~10년

정원의 용도 : 일생을 회상하며 즐기는 정원

주요 식재수종 : 소나무, 단풍나무, 매화, 모과, 산수유, 영산홍 외

시설물 현황 : 연못, 분수, 조형물

관리 작업 : 물주기, 잔디깍기, 제초, 화단조성, 수목 전지·전정

관리 소요시간 : 매일 2시간 이하

관리 주체 : 본인

1 토속적인 느낌이 나는 항아리를 테이블과 의자로 활용해 휴게공간을 만들었다.
2 항아리가 정원에서 시각적 초점이 되는 첨경물의 역할도 하고 있다.

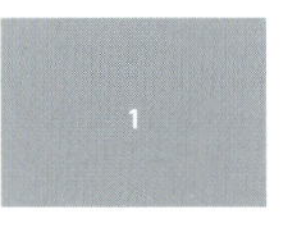

1 자연석을 중심으로 조성한 화단
2 거실 바로 앞에는 작은 연못을 만들었다.
3, 4, 5
계절별로 다양한 꽃과 잎을 감상할 수 있도록
배식에 많은 신경을 기울였다.

1 철쭉이 만개한 봄날의 '로사의 정원'
2 다양한 컬러의 장미가 반겨주는 로즈 가든

Q 정원(혹은 정원 일)을 즐기는 나만의 노하우가 있다면요?

A 한 포기의 꽃을 심고 나면 그 때부터 그 꽃은 나의 친구이자 식구가 되는 것입니다. 자고 나면 얼마나 어떻게 적응하고 있는지 절보고 나오라고 불러냅니다. 어느 순간 내가 잘 키우고 싶은 마음보다 꽃들이 더 살고 싶어 하는 마음이 크다는 걸 알게 되었습니다. 그들도 생명이며 자존심을 가지고 있으니까요.

Q 정원에서 가장 마음에 드는 공간과 그 이유는요?

A 저희 집은 제가 직접 정원을 만들었기에 어느 한 곳 제 손이 안간 곳이 없습니다. 그 중에서도 대문에서 집까지 올라오는 길, 작약밭 길, 집에서 쉼터로 가는 길, 곧게 내지 않고 적당히 곡선을 주어 길을 만들었기에 지날 때마다 춤을 추어야 할 것 같은 느낌이 듭니다.

Q 이제 막 정원을 가꾸려고 하는 이들에게 조언을 해 준다면요?

A 첫째, 땅의 점도와 배수관계, 물이 나오는 곳인지를 먼저 알아보고 그에 맞는 꽃을 심을 것.

둘째, 여러 가지 혼합해서 심지 말고 구역을 정해 심을 것.

셋째, 꽃이 많은 봄철 꽃만 심지 말고 계절별로 안배해 심을 것.

넷째, 꽃의 성질을 잘 모르는 꽃은 양지나 음지로 나누어 심었다가 잘 크는 쪽으로 옮겨 줄 것.

다섯째, 정원 속의 작은 텃밭도 정원처럼 생각하고 가꿀 것.

수상소감
이정희

기쁘고 감사했습니다. 자기가 좋아하는 일로 이렇게 즐기면서 꽃 친구들과 만나고 함께 할 수 있어 영광입니다.

SILVER PRIZE GARDEN

 은상

마음의 정원

자연을 찾아 어머님의 품이 가득한 이 곳 경기도 안성시 일죽면에 자리하게 되었습니다.

5,000여 평의 임야에 500여 평에 터를 잡고 정원을 조성하였고, 주변 환경은 자연의 숲을 품어 안은 듯 고요하게 둘러싸여 심신이 맑아지는 듯한 풍경이 자리 잡고 있습니다.

정원으로 거듭나기 위해 6년이라는 준비 기간을 거쳐 2014년에 입주하여 조성해 나가고 있고, 소나무 위주로 식재되어 있으며, 그 외 보리수, 벚나무, 단풍나무, 대추나무, 화살나무, 흰말채, 노랑말채, 장미, 찔레, 황금측백, 눈향나무, 남천, 말발도리 등과 튤립, 수선화, 무스카리, 돌단풍, 할미꽃, 복수초, 기린초, 국화 등의 초본류로 구성되어 있습니다.

정원 정보

정원 유형 : 개인정원

주소 : 안성시 일죽면 송철리 서동대로

정원 면적 : 1,650㎡

정원을 가꾼 기간 : 3년 이내

정원의 용도 : 가족·방문객 등을 위한 정원

주요 식재수종 : 소나무, 보리수, 벚나무, 단풍나무, 기린초, 국화 외

시설물 현황 : 연못, 조형물

관리 작업 : 물주기, 잔디깎기, 제초, 화단조성, 수목 전지·전정

관리 소요시간 : 매일 2시간 이상

관리 주체 : 부부

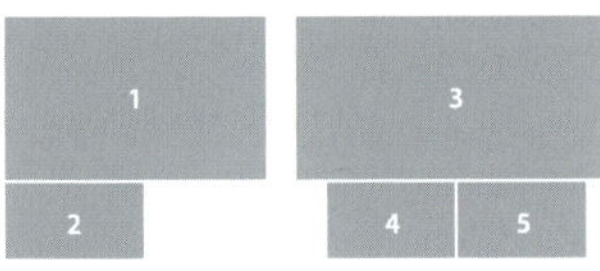

1 500평에 달하는 정원 면적 덕분에 너른 잔디밭을
  만끽할 수 있다.
2 자연석을 활용한 계류
3, 4, 5
자연석, 항아리, 조각물을 활용해 색다른 공간감을
만들어냈다.

1
6년 동안의 준비 기간을 거쳐 조성한 정원답게 안정감이 돋보인다.
2, 3
흔들의자, 파고라, 벤치 등 다양한 시설물이 정원의 곳곳에 놓여 있다.

1 지형의 단차와 자연석을 활용한 암석원
2 지인들과 함께 만든 정원이기에 더욱
  애착이 가는 '마음의 정원'

Q 『마음의 정원』의 특징을 소개한다면요?

A 이 곳에 터를 잡게 된 이유는 일제강점기부터 어머니께서 성당에 새벽미사를 다니시던 모습이 늘 아련했는데, 그 길이 동무들과 뛰어 놀던 마을이 내려다 보이는 곳이기 때문입니다.

정원에는 소나무 위주로 식재되어 있으며, 자연석과 수형이 자연스러운 소나무로 동양의 미를, 사이사이로 서양 정원의 요소를 적절하게 가미한 디자인이 특징입니다.

Q 동호인들과 함께 정원을 가꾸게 된 계기는요?

A 사람을 유난히 좋아해 어느 곳에서든 만남을 제안하고 이끌어가는 것을 좋아합니다. 정원을 조성한다고 하자 자연스럽게 만남의 장소는 나의 정원이 되었고 지인들의 재능기부로 정원의 틀을 잡는 계기가 되었습니다. 정원의 설계, 나무의 식재, 초화류 식재 등, 지인들과 함께 만든 정원은 전문가의 손이 닿지 않아도 기초가 잘 다져진 정원입니다. 또 정원에서 필요한 것들도 지인들의 도움으로 대부분 얻은 것이 많아 수고한 손길들에 감사함을 품은 『마음의 정원』이 이어지는 곳이기도 합니다.

Q 정원을 가꾸게 된 이후, 달라진 점이 있다면요?

A 정원은 사람이 만드는 것이지만, 나의 정원은 사람들이 모여드는 정원이라 그 사람들의 추억과 함께 하는 『마음의 정원』입니다. 추억이 머무르는 동안 그들은 나의 정원을 늘 기억해 주겠지요. 또 정원을 만들면서, 고향의 옛 기억들이 새록새록 솟아나 기분 좋은 추억의 되새김질에 시간 가는 줄 모르고, 정원을 즐깁니다.

 **수상소감**
이상민

어머니의 품이 가득하고 어린 시절 추억과 역사적 의미를 품은 이곳에서 좋은 동료들과 함께 가꾼 『마음의 정원』이 좋은 상을 받아 기쁩니다. 지인들의 도움으로 대부분이 이루어지고 얻은 것이 많은 만큼 수고한 손길에 감사함을 품으며 정원을 이어가겠습니다.

 은상

맑음

주정원은 통로를 기준으로 양쪽으로 나누어 볕이 좋은 안방 앞은 파주석과
오래된 해당화, 덜꿩나무, 노각나무, 배롱나무, 자귀나무, 목단, 만병초 등 다양하게 사철 꽃이 피는 화단으로 조성하였고,
앞 집 건물에 막혀 볕이 덜 드는 거실 앞은 콘크리트 플랜터로 공간 구분을 한 후 키 큰 단풍나무와
히어리, 쪽동백, 진달래 등의 관목과 고사리, 붓꽃, 삼지구엽초 등을 심어 작은 공간이지만 숲속의 느낌을 주었습니다.
그리고 2층 서재 앞 옥상정원은 스테인글라스를 활용한 트렐리스를 설치하여 생동감 있고 신선한 분위기를 주었습니다.
정원 곳곳에 석물과 조각품 등을 놓아 더욱더 짜임새 있고 독특한 정원이 될 수 있도록 조성하였습니다.

정원 정보

정원 유형 : 개인정원

주소 : 파주시 책향기숲길 77

정원 면적 : 100㎡

정원을 가꾼 기간 : 3년~5년

정원의 용도 : 거실에서 숲의 분위기를 느낄수 있도록 조성

주요 식재수종 : 해당화, 덜꿩, 노각, 배롱, 자귀, 목단, 만병초 외

시설물 현황 : 데크, 파고라, 조형물

관리 작업 : 물주기, 제초, 전지·전정

관리 소요시간 : 일주일에 1~2회

관리 주체 : 부부

1 크지 않은 면적이지만, 고사리를 비롯한 여러 식물을
  식재해 숲속 느낌이 나는 '맑음' 정원
2, 3
정원 곳곳에 석물과 조각품. 화분 등을 장식해 놓았다.

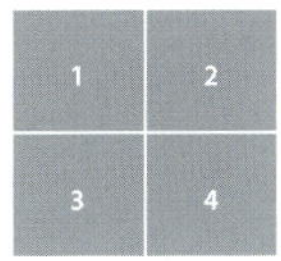

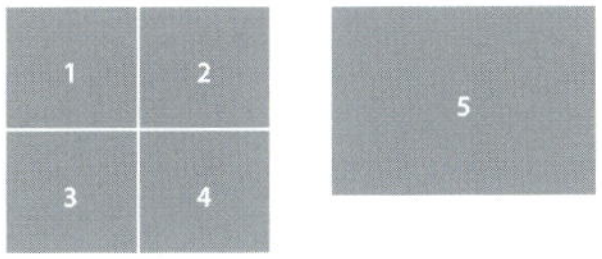

1, 2, 3
해당화, 덜꿩나무, 노각나무, 배롱나무, 만병초 등 사계절 꽃이 피는 배식을 계획하였다.
4, 5
2층 옥상정원도 조성해, 단 차이가 느껴지는 색다른 뷰를 정원에서 감상할 수 있다.

1 사진 우측의 황토로 마감한 장식기둥이
  색다른 느낌을 전해준다.
2 거북 조형물을 비롯해, 다양한 첨경물이
  곳곳에 배치되어 있다.

Q 정원의 전체 공간을 구상할 때, 가장 중요시 여긴 점이 있다면요?
A 정원의 짜임새와 편안함, 그리고 공간의 구분이 중요하다고 생각합니다.

Q 이색적인 조형물이 정원 곳곳에 장식되어 있는데, 가장 애착이 가는 조형물은 무엇이고, 정원에 조형물을 배치할 때 특별히 고려한 점이 있다면 무엇인지요?
A 대문에서 계단으로 올라가는 옹벽에 황토로 마감한 문인석 형상의 장식기둥이 가장 애착이 가고, 조형물을 배치할 때는 되도록 의미를 부여합니다.

Q 정원에서 언제 가장 많은 시간을 보내며, 또 정원에서 가장 많이 하는 활동이 있다면요?
A 틈틈히 정원 관리를 하면서 사색을 하거나 이웃들과 담소를 합니다.

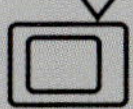

수상소감
유선상

최근 여러 가지로 복잡한 침체된 상황에서 무지 힘든 나날을 보내던 중 우연히 정원문화대상에 참여하게 되었는데 어느 날, 시민 심사위원님들의 방문 소식에 부랴부랴 아내와 집안청소와 정원 관리를 하게 되면서부터 우울함에서 벗어나는 계기가 되었습니다. 뜻밖에도 수상까지 하게 되어 기분이 너무 좋고 함께한 아내와 기쁨을 나누고 싶습니다.

SILVER PRIZE GARDEN

 은상

장미아치가 있는 힐링가든

옥상정원에는 줄장미 덩굴이 아치를 따라 풍성하게 중앙에 식재되어 있고, 좌로는 향기와 국적이 다른 붉은색
장미들을 심고 우측에는 각종 화목으로 색상, 식물 크기, 계절별 꽃의 개화시기 등을 고려하여
해마다 연구하고 조절하여 어느 각도에서든 보는 위치마다 아름다운 조화로움을 연구하고 연출하도록 했습니다.
계단정원은 대리석 단을 축으로 쌓으며 흙더미 땅을 정원 단으로 만들어 바빌론의 공중정원을 모티브로 삼았습니다.

정원 정보

정원 유형 : 공동정원

주소 : 경기도 성남시 분당구 야탑동

정원 면적 : 442㎡

정원을 가꾼 기간 : 3년~5년

정원의 용도 : 할렐루야 교우를 위한 마음을 치유하는 쉼터,
　　　　　　　 주민을 위한 쉼터

주요 식재수종 : 장미, 화목류, 초화류 외

시설물 현황 : 분수, 데크, 파고라, 조형물, 폭포수

관리 작업 : 물주기, 잔디깍기, 제초, 화단조성, 수목 전지·전정, 식재디자인

관리 소요시간 : 일주일에 1~2회

관리 주체 : 본인, 전문가, 동호인 모임

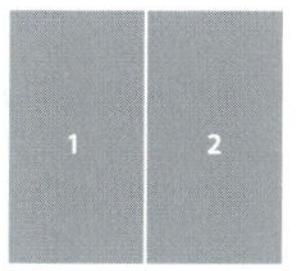

1 식물의 아름다움은 꽃에서만 느껴지는 것은 아니다.
때론 수피가 꽃보다 더 아름답다.
2 넝쿨장미가 아치를 타고 올라가, 꽃이 절정일 때
색다른 느낌을 선사한다.
3 이곳의 주인공은 누가 뭐라 해도 장미꽃이다.

  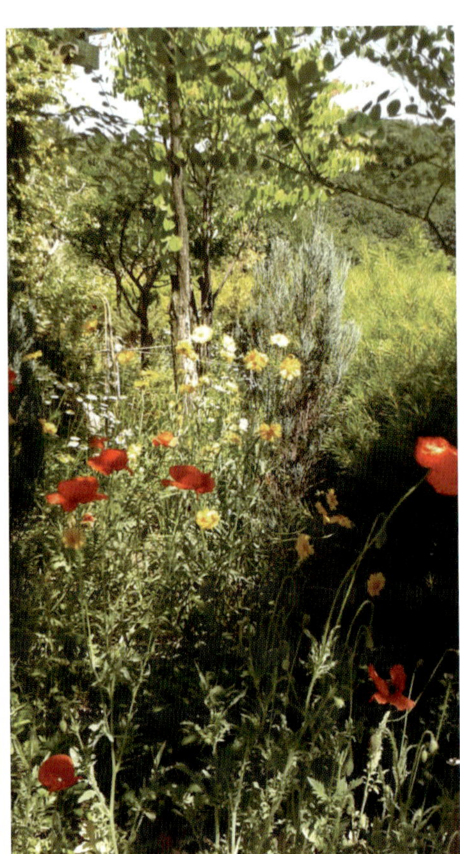

1, 2, 3
교회의 옥상정원에 다양한 초화류를 식재했다.
4 계단정원은 교회 건축 공사가 거의 미무리된 시점에서 흙더미언덕을 활용해
  풍성한 식물이 가득한 정원으로 조성했다.
5, 6, 7
정원 관리 경험이 있는 10여명의 교우가 봉사 활동을 통해 다양한 식물을 키우고 있다.

1 교회문화센터 가든스쿨을 수강한 교우들이
　함께 가꾸고 있는 할렐루야교회의 힐링가든
2 경사 벽면에는 덩굴식물을 활용해 벽면녹화를
　꾀했다.

Q 교회 옥상과 계단에 정원을 가꾸게 된 계기는요?

A 옥상정원은 교회 사무국에서 봉사 의뢰가 들어왔습니다. 계단정원은 교회 준공 후 흙더미 언덕에 조경 재공사 시작 전 디자인 문의가 들어와 교회 담당 직원과 조율하여 계단정원이 태어났습니다.

Q 정원 관리는 주로 누가 어떤 방식으로 하고 있고, 또 정원 관리에 참여하고 있는 이들의 반응은요?

A 저를 주축으로 교회문화센터 가든스쿨 수강자들 가운데 수료 3회를 마친 자 혹은 정원 관리 경험이 있는 10명 정도를 선발하여 6개월~1년 정도 함께 봉사하도록 합니다. 교우들의 헌신과 봉사로, 보는 이들을 즐겁게 해준다는 위로를 받는 느낌과 자부심이 우리들을 행복하게 하고 있습니다.

Q 정원을 가꾸면서 가장 기억에 남는 에피소드가 있다면요?

A 공동체 정원 관리는 무척 힘든 대상이 아닐 수 없습니다. 내 정원 같으면 내 뜻대로 되겠지만 공동체에서 책임자가 2년마다 바뀔 때 다시 시작해야 하는 어려움이 많습니다. 기억에 남는 에피소드는 잡초를 뽑아야 할 때 자갈을 부어 잡초를 보이지 않도록 하려는 의도로 정원에 자갈을 덮은 적이 있었습니다.

Q 정원 가꾸기에 교우들이 동참하게 된 사연은요?

A 처음에는 단독으로 정원을 일구어 나갔습니다. 식물을 구상하고 구입하기까지 엄청난 수고를 거듭하고 심지어 선물했던 장미와 숙근초를 도로 달라고 해서 옥상정원을 일구었습니다. 몸도, 마음도 힘들 때 권사님께서 도움의 날개를 달아 주었습니다. 육십 중반에 그분의 수고와 격려가 오늘의 동참인원 끈이 되어주었습니다.

수상소감
정희자

영국 거트루드 지킬 여사의 정원 디자인을 꿈꾸고 있을 때 일본 매스컴이 발견하여 일본과 한국과 세계에 알린 〈타샤튜터〉가 여심을 울렁거리게 한 것을 마니아들은 기억하실 것입니다. 정원에 색채를 입힌다는 생각으로 공부하고 이 길로 직업까지 바꾼지 15년, 서양 꽃을 가진 느낌으로 내 정서를 다듬기는 40년. 정원 디자인과 식재 디자인으로 꿈을 버리지 않고 늙어가는 것이 행복합니다. 가든스쿨을 통하여 정원을 알게 된 교우들과 이웃들에게 세상의 아름다움과 살아가는 지혜를 꽃에게서 배우고 정원에서 터득하게 된다는 점을 나누고 싶습니다.

BRONZE PRIZE GARDEN
동 상 수 상 작

기왓뜰

내 마음의 카페

들꽃의 향기가 머무는 뜰

마야네 행복정원

용암석재

하늘 키친가든

✿ 동상
기왓뜰

우리집 정원 기왓뜰은 옛 이야기가 있는 정원입니다.
옛 고전적인 미를 살려 정원을 만들기 위해 우리 부부는 1년여의 시간 동안 모든 열정을 쏟아
기획하고 스케치하며 정원소품 하나 하나 손수 구입하려 다녔습니다.
아마도 정원사분한테 알아서 만들어 달라고 주문했다면 지금의 기왓뜰은 없었을 것입니다.
10여년을 다리품 팔아 곳곳을 다니며 정원에 대한 안목을 높이려 노력하고 마지막 1년은 완성도를 위해
최선을 다해 시간과 경제적 투자를 아낌없이 썼습니다.
그래서 기왓뜰은 정이 가고 애착이 느껴지나 봅니다.
기왓뜰은 우리의 옛 것을 다시 한 번 생각하게 하는 일종의 향수를 불러 일으킨다고 할 수 있습니다.

정원 정보

정원 유형 : 개인정원

주소 : 용인시 수지구 성복2로

정원 면적 : 90㎡

정원을 가꾼 기간 : 3년 이내

정원의 용도 : 이야기가 있는 정원

주요 식재수종 : 소나무, 감나무, 단풍나무, 주목, 향나무, 야생화 외

시설물 현황 : 조형물

관리 작업 : 물주기, 잔디깎기, 제초, 화단조성, 수목 전지·전정

관리 소요시간 : 매일 2시간 이하

관리 주체 : 부부

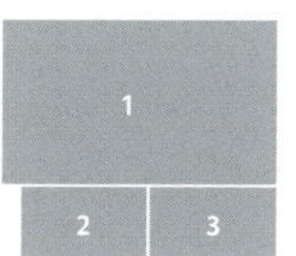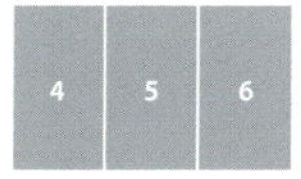

1, 2
고전적인 미를 살리기 위해 1년 넘게 발품을 팔아 완성한 '기왓뜰'
3 직사각형의 석조 물확 주변은 회양목으로 경계를 지었다.
4 항아리가 옛스러운 멋을 더해준다.
5 문창살 무늬가 살아있는 소품을 정원의 수직적 요소로 활용했다.
6 예전 수돗가에 있던 물 펌프를 물확과 함께 조형 요소로 도입했다.

1 메인 아이템인 기왓장을 활용해
   색다른 공간 연출을 시도했다.
2 기왓장으로 아늑하게 위요된 공간을 만들고,
   석등과 항아리로 포인트를 주었다.

Q 어떤 계기로 아파트 앞에 정원을 가꾸게 되었나요?

A 정원 있는 집을 가꾸기 위해 전원주택까지 고려해 보았으나 가족들이 생활하는 데 있어 편의시설, 교육. 문화생활, 교통, 정원 관리 등의 요소들을 장기간으로 지속해 나가기는 어려움이 많을 것으로 예상되며, 별장 역시 살아있는 식물을 지속적으로 가꾸기에는 접근성이 떨어진다고 생각되어 아파트 내에 정원을 가꾸면 접근성과 관리면에서 용이하기에 아파트 정원을 조성하게 됐습니다.

Q 옹기와 항아리를 비롯해서 아기자기한 소품이 인상적입니다. 정원을 가꾸기 전부터 보관하던 것인가요?

A 식물을 가꾼 지는 14년 정도 됐으며 남편과 취미생활로 10여년을 주말마다 함께하며 서울 인사동, 경기도 이천, 여주, 광주, 퇴촌, 양수리, 안성, 충주 양성면 등 지역 여러곳을 다니며 골동품 가게에 들러 하나 둘씩 구입하다보니 지금의 정원이 만들어지지 않았나 싶습니다.

Q 정원을 가꾸기 시작한 후, 가장 많이 달라진 점이 있다면요?

A 저희 집에 정원을 가꾸기 시작하면서부터 주민들과의 소통이 자연스럽게 이루어졌습니다. 지금도 매일 같이 이웃주민 10여명 씩 저희 기왓뜰 정원에 구경을 오시곤 합니다. 정원 계단을 오르시며 하시는 말씀들이 너무 아름답고 예뻐서 꼭 구경하고 싶었다며, 이웃주민들이 가보라고해서 찾아오시고, 우리 동네를 이렇게 예쁘고 아름답게 꾸며서 고맙다며 누구나 즐길 수 있는 볼거리를 제공해주어서 고맙다며, 이곳에서 행복하게 사시라며 웃으시며 내려가시면 저 또한 마음이 따뜻해집니다.

수상소감
서은숙

정원에 현재 있는 소품은 기성품이 아닌 골동품으로 전국을 돌면서 구했고 1년 동안 고뇌한 평면도를 전문가의 도움으로 조성하였습니다. 정원을 조성할 당시 전문가와 함께 기와를 손수 쌓았으며 정원주의 열정이 지금의 정원을 만들었습니다. 앞으로도 정원문화 활성화를 위해 모든 사람들에게 정원을 개방하고 보여주고 싶습니다.

 동상

내 마음의 카페

자연석으로 연못을 조성하고 바닥에는 조약돌을 깔고,
돌 위에 자연에 가깝게 100여종의 화초를 심고 중앙에 분수대를 설치했습니다.
성모 마리아상과 교회 모형 조각품으로 성스러움과 우아함을 강조했습니다.
절구통을 이용하여 그 속에 개구리밥 수초를 넣고 그 위에 컬러 아이비 등
잔잔한 화분을 놓음으로써 시골 정취를 느낄 수 있습니다.

정원 정보

정원 유형 : 개인정원

주소 : 경기도 성남시 분당구 판교로 430

정원 면적 : 13㎡

정원을 가꾼 기간 : 20년 이상

정원의 용도 : 우리 가족을 위한 정원

주요 식재수종 : 철쭉, 단풍나무, 아이비류, 난초류, 야생화 외

시설물 현황 : 연못, 분수, 조형물

관리 작업 : 물주기, 수목 전지·전정

관리 소요시간 : 일주일에 1~2회

관리 주체 : 부부

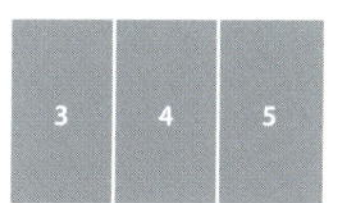

1, 2
식막한 아파트 베란다를 싱그러운 정원으로 꾸몄다.
3, 4, 5
화분에 다양한 초화류를 식재해, 실내에서도 계절감을 느낄 수 있다.

1 여러 가지 높이의 거치대를 마련해, 좁은 베란다 공간이지만 다양한 화분을 배치할 수 있었다.
2 성모 마리아 상을 베란다 정원의 중앙에 배치해 놓아 마음의 안식을 얻곤 한다.

Q 20년 넘게 아파트 베란다 정원을 이 정도 수준으로 가꾸었으니, 특별한 베란다 정원 관리 노하우가 있을 것 같습니다.

A 식물은 적정한 물주기와 환기, 영양 공급과 햇빛이 가장 중요합니다. 양지에서 잘 자라는 식물과 햇빛을 상대적으로 싫어하는 종류별 특징을 잘 이해하여 적절히 구분 배치하였고 겨울철에는 추위 대비를 위해서 창문쪽과 거실 안쪽을 구분해서 배치했습니다.

Q 정원을 가꾼 이후 가장 크게 달라진 점이 있다면요?

A 무엇보다 정서적으로 평온해지고 아름다운 마음을 지니게 됩니다. 가족 모두 출근한 오전 한때 집안 정리를 마치고 거실에 앉아 커피를 마시며 베란다를 바라보고 있노라면 각양각색의 꽃과 향기, 그리고 밖으로 내다보이는 큰 나무들과 어우러지는 풍경들이 뿌듯한 행복감에 젖게 합니다.

Q 수질 관리는 쉽지 않은 일인데, 어떻게 관리하고 있나요?

A 물이 일정량이 넘으면 넘치는데 평상시에는 꽃에 물을 주면서 연못을 채우면 자연적으로 흐르면서 정화되는 효과를 가져옵니다. 대청소는 연 3~4회 정도 하는데 한쪽 화분을 치우고 자연석 사이사이를 깨끗이 치웁니다.

수상소감
이연옥

시골에서 태어나 집 앞마당에 피어나는 야생화 들을 보며 자라난 저는 유난히 꽃에 대한 아련함이 강했나 봅니다. 꽃이 좋아, 정원을 가꾸게 된 것이 수상의 영광까지 누리게 되어 매우 기쁘고, 우리 집 정원의 가치를 알아준 심사위원 그리고 관계자 여러분께 깊은 감사를 드립니다.

 동상

들꽃의 향기가 머무는 뜰

한옥 기와집을 중심으로 사방에 잔디를 심고
주변에 대추나무, 모과나무, 매실나무, 자두나무, 보리수나무, 꽃사과나무, 블루베리 등을 심어
봄에는 화려한 꽃을, 여름엔 시원한 그늘을, 그리고 제철마다 우리 가족은 물론
가까운 지인들까지 푸짐한 과일을 선사합니다.
100년이 넘은 5주의 감나무는 봄에는 조용히 있다가 가을이 되면 요란하다 할 만큼
엄청난 감이 열려 비어가는 가을 정원을 가득 채워주며 집사람과 곶감으로 말려
겨울 내내 우리 집 손님 별식으로 내놓습니다.

정원 정보

정원 유형 : 개인정원

주소 : 경기도 안성시 서운면 신촌리

정원 면적 : 1,320㎡

정원을 가꾼 기간 : 10년~20년

정원의 용도 : 부부의 꿈을 담은 정원

주요 식재수종 : 감나무, 소나무, 단풍나무, 목련, 벚나무, 대추나무 외

시설물 현황 : 야외탁자 및 바비큐시설

관리 작업 : 물주기, 잔디깎기, 제초, 수목 전지·전정

관리 소요시간 : 매일 2시간 이상

관리 주체 : 부부

<table>
<tr><td>1</td><td>2</td><td rowspan="2">5</td></tr>
<tr><td>3</td><td>4</td></tr>
</table>

1 빗물이 떨어지는 처마 아래쪽에는 잔디가 아니라 잔자갈을 깔았다.
2, 3, 4
한옥과 어울리는 항아리와 석물이 정원에서 첨경물로서의 역할을 톡톡히 하고 있다.
5
20년 가까이 정성을 들여 가꿔온 정원이기에, 이곳에 들어오면 저절로 아늑함이 느껴진다.

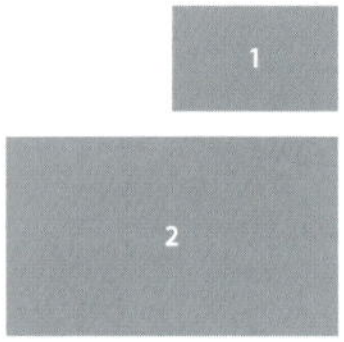

1 원래부터 있었던 감나무는 100년 넘게 이곳에 자리 잡고 있었다.
  탱글탱글 맛있게 감이 익어가는 계절이 되면 손님들을 위해
  언제나 잘 익은 감을 내놓는다.
2 더운 여름. 그늘을 드리워주는 키 큰 나무들이 정원 일의 고단함을
  잊게 해준다.

Q 20년 가까이 정원을 가꾸어 왔으니, 나만의 정원 관리 노하우가 있을 것 같습니다. 조금만 소개해 준다면요?

A 특별히 조경이나 정원 관리에 대해 체계적으로 배운 적이 없고, 다만 자연을 사랑한 나머지 직장을 다니면서도 시간이 나면 산과 들로 다니며 예쁜 돌을 줍거나 씨앗을 훑어와 화분에 뿌려 싹을 틔워 화분에서 꽃 피기까지의 과정을 보며 즐거워했습니다.

Q 기와집과 감나무가 정말 잘 어울려 보입니다. 또 초화류도 무척 다양하고 풍성한데, 가장 좋아하는 식물과 그 이유는요?

A 시험에 답하듯 꼭 답해야 한다면 우리 밭에 '큰꽃으아리'가 많습니다. 그 이유는 잎이 지면 말라 죽은 것 같은 가늘디 가는 줄기에서 봄이 되면 소담스런 잎과 함께 피워 올리는 꽃이 얼마나 소담하고 화려한지, 한 송이만 피어도 한아름인데 마디마디 피워대면 온 마당이 꽃으로 가득하니 좋아하지 않을 수 없습니다. 거기에 구름 같은 씨앗이 달리면 그 씨앗을 타고 한 없이 멀리 날아가는 꿈도 꿀 수 있으니 어찌 이 꽃에 반하지 않을 수 있을까요?

Q 이제 막 정원을 가꾸려고 하는 이들에게 조언을 해 준다면요?

A 어느 멋진 공원이나 영화 또는 책에서 본 아름다운 정원을 선배들의 조언에 따라 가꾸기보다는 내가 좋아하는 그리고 가족이 좋아하고 함께 즐길 수 있도록 하면 어떨까요?

수상소감
김형극

지인을 통해서 공모가 있다는 것을 알았고, 그동안 꽃과 나무를 사랑하다보니 사랑과 정성으로 가꾼 정원이기 때문에 응모를 하고 싶어졌고, 상을 기대하지 않았는데 수상해서 너무나 기쁩니다. 동상을 받은 계기로 조경가든대학에서 수업을 받고 있고, 전문적 지식을 습득해서 고향 같은 전경을 가진 정원을 가꾸는 것이 앞으로의 계획입니다.

BRONZE PRIZE GARDEN

 동상

마야네 행복정원

마야네 행복정원은 4.5평에 남서향을 바라보며 2층에 있습니다.
산호석으로 경계석을 만들었고 왼쪽 반음지에는 아이비, 팔손이, 왜철쭉 등이 자라고
양지인 가운데에는 계절식물로 가꾸며, 오른쪽 반양지에는 남천, 치자, 마삭 등이 예쁘게 자라고 있습니다.
또한 4단 물레방아가 쉴새 없이 졸졸졸 물을 흘려 보냅니다.
사계절 내내 푸르름을 자랑하며 향기로운 꽃내음이 창밖에 새들과 우리 가족, 이웃들의 발걸음을 불러옵니다.

정원 정보

정원 유형 : 개인정원

주소 : 경기도 하남시 하남대로 802번길

정원 면적 : 8.8㎡

정원을 가꾼 기간 : 5년~10년

정원의 용도 : 우리 가족을 위한 정원

주요 식재수종 : 영산홍, 남천, 천리향, 금귤, 아이비 외

시설물 현황 : 물레방아

관리 작업 : 물주기, 화단조성, 수목 전지·전정

관리 소요시간 : 매일 2시간 이하

관리 주체 : 본인

1 아파트 베란다에 가꾼 실내 정원이다.
2
4.5평 밖에 되지 않는 좁은 공간이지만, 수경 요소를 도입해 청량감을 높였다.
3 덩굴성 식물로 벽면을 녹화해 베란다가 더욱 푸르러 보인다.
4 작은 수반이지만 습도 조절 등 그 역할이 크다.

1 아기자기한 지피식물이 키우는 즐거움을 더해준다.
2 볕이 잘 드는 중앙에는 계절 식물을, 반음지인 좌우측에는
  아이비, 팔손이, 왜철쭉, 남천, 치자, 마삭 등을 식재했다.

Q 10년 넘게 베란다 정원을 가꾸면서 느낀 '베란다 정원의 장점'은 무엇이라고 생각하나요?

A 행복과 즐거움입니다. 여러 종류의 수목들이 어우러지는 모습도 행복이고, 봄이 되어 영하의 추위를 견디고 새싹과 꽃을 피우는 수목을 보면 감탄과 즐거움이 행복으로 다가옵니다.

Q 베란다에 정원을 가꾸게 된 특별한 계기가 있다면요?

A 분양을 받고 입주하기 전 집안을 친환경적으로 꾸밀 수 있는 것이 무엇일까 생각하다, 어릴 때의 집 마당에 봉숭아, 맨드라미, 채송화, 과꽃, 붓꽃 등 아름드리 피었던 화단이 떠올라 베란다 정원을 만들고 가꾸게 되었습니다.

Q 아파트에 살면서, 베란다 정원을 가꿔볼까 망설이고 있는 이들에게 조언을 해준다면요?

A 요즘은 베란다를 확장해 거실로 사용하는 가구가 많아져서 조금은 아쉽지만, 꼭 베란다 전체가 아닌 한 부분이라도 가족이 좋아하는 꽃과 나무를 키워 가까이에서 수시로 자라는 모습을 관찰하고 대화하다 보면 집안의 행복이 저절로 찾아옵니다. 가족 간의 대화가 부족한 현대인에게 베란다 정원은 삶의 보약이라고 생각하며 관심있는 분들은 꼭 베란다 정원을 만들어 웃음과 행복이 넘쳐나는 가정이 되시기 바랍니다.

수상소감
오미야

꽃에 관심이 많은 저는 수시로 꽃시장과 인터넷을 돌아다니며 구경 및 구매를 합니다. 그러던 중 우연히 "아름다운 정원을 찾습니다"에 참여하게 되었습니다. 서류 및 실사를 받고 긴 시간을 기다리던 중 동상이라는 큰 상을 받게 돼 정말 기쁩니다. 앞으로 많은 분들이 베란다 정원에 관심과 참여를 할 수 있도록 열심히 홍보하겠습니다. 감사합니다.

 동상

용암석재

고급스럽고 격조 높은 석조각, 조각과 잘 어우러지는 고목의 소나무를 비롯하여 각종 나무들,
나무들 밑에 자지러지듯 종알대는 갖가지 야생화들, 옹달샘으로 시작되어
황금잉어들이 노니는 연못 등 화려한 봄, 여름, 가을이 지나가면 색다른 겨울을 맞이합니다.
석조각과 큰 나무가 조화롭게 서 있음에 겨울에도 그 멋스러움이 다른 계절 못지 않고,
눈이라도 오면 더욱 그러합니다. 카메라를 어디에다 두어도 멋진 영상을 만들어 내는 곳.
사진을 찍다가 각도와 위치를 사뭇 다르게 바꾸면 색다른 맛을 느낄 수 있는 곳이기도 합니다.

정원 정보

정원 유형 : 공동정원

주소 : 경기도 이천시 마장면 작촌로

정원 면적 : 6,600㎡

정원을 가꾼 기간 : 10년~20년

정원의 용도 : 우리 가족을 위한 정원, 방문객·직원 등을 위한 정원,
이야기가 있는 정원

주요 식재수종 : 소나무, 단풍나무 외

시설물 현황 : 연못, 분수, 데크, 조형물

관리 작업 : 물주기, 잔디깎기, 제초, 화단조성, 수목 전지·전정

관리 소요시간 : 한달에 1~2회

관리 주체 : 전문가

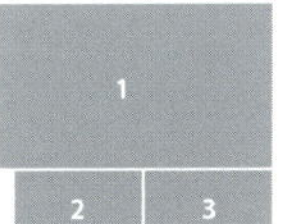

1 소나무와 석벽, 잔디밭이 어우러져 근사한 풍경을 연출하고 있다.

2 조각품 사이로 내려다 본 잔디마당

3 정원 곳곳에 석조각이 전시되어 있다.

4 물소리가 매력적인 소폭포

5 잔디마당의 시각적 초점이 되고 있는 조각 작품

6 보행 동선 주변의 화단

1 잔디마당 주변은 소나무가 시각적 프레임을 형성하고 있다.
2 연못 부근의 옹달샘터에는 수많은 산새들이 찾아와
  목을 축이곤 한다. 덕분에 직원들에게 가장 인기 있는
  공간이 되었다.

Q 정원에서 시선을 사로잡는 조각품이 인상적입니다. 대표적인 조각 작품을 소개해준다면요? 또, 조각 작품이 정원에서 어떤 역할을 한다고 생각하나요?

A 용암에 들어서면 넓은 잔디위에 우뚝 솟아있는 김청정 조각가의 "천지인"이 힘을 느끼게 합니다. 내가 어느 곳에 있던지 정원에 나무와 꽃과 조각들이 천지인 작품을 중심으로 전체가 하나로 뭉쳐지고, 즉 하늘과 땅과 사람이 하나가 되듯! 그 중심에 가장 아름다운 사랑! 즉, '애(愛)' 조각으로 최고의 아름다운 감동을 줍니다. 이곳을 찾는 조각가들도 멋진 조각과 어우러져 이야기하는 소나무들과 단풍나무, 꽃과 나무들의 조화로움으로 정원이 잘 가꾸어졌다고 말씀하십니다.

Q 정원의 면적이 꽤 큰 편인데, 직원들이 가장 좋아하는 공간이 있다면요?

A 깊은 산 속 옹달샘 누가 와서 먹나요? 이런 옹달샘 노래처럼 토끼는 없고 산새들이 엄청납니다. 몰래 카메라를 장착하고 싶을 정도로 많은 새들이 와서 연못 앞 옹달샘터에서 물을 먹고 목욕을 합니다. 연못가에 수많은 야생화가 피고지고 겨울에는 눈 쌓인 모습이 더 환상적인 곳! 이 모든 현상을 점심이나 저녁밥을 먹으면서 감상할 수 있는 곳이 연못입니다. 연못 전체가 보이도록 식당에 커다란 창문을 달아놓았고, 매일매일 살아 움직이는 한 폭의 그림을 감상하면서 직원들은 감탄을 합니다.

Q 내손으로 조성한 정원을 활용했던 경험이 있는지요?

A 정원을 손질하면서 딸 결혼식을 생각해 보았습니다. 아빠의 손길로 만들어진 정원에서 딸의 아름다운 결혼식을 올리는 꿈은 작년에 이루어졌습니다. 아름다운 결혼식을 하기 위해 준비된 정원처럼 화창한 9월의 하늘 아래 아름답고 찬란한 결혼식! 결혼식을 축하하듯 둘러쌓인 조각과 나무와 꽃들이 빛나고 벽천에서 폭포수가 한층 결혼식의 분위기를 고조시켰습니다. 결혼업체에서 일하는 딸이지만 "하늘과 땅과 태양이 축하해주는 환상적인 야외결혼식을 하게 되어 평생 잊지 못 할거예요." 딸은 입버릇처럼 엄마 아빠에게 늘 감사하다며 그날을 좋아하고 있습니다.

수상소감
이종호

아내가 이천농업기술센터 카페에서 공모사실을 알게 되었고 항상 정원이 예뻐서 블로그나 올려볼까 항상 생각만 했다가 이번 기회가 있어 응모하게 되었습니다. 나에게 정원은 석공들에게 휴식을 주는 곳이며 내 피와 땀이 묻어있는 의미 있는 정원입니다. 석공 일을 하다가 눈과 마음의 피로를 풀고 싶을 때마다 초록 잔디를 보고, 잡초를 뽑을 때가 가장 행복합니다.

 동상

하늘 키친가든

슬라브 구조의 지붕 전체에 흙을 올려 텃밭 겸 화단으로 꾸민 이름하여 '키친가든' 입니다.
약 20평의 전체 면적에서 텃밭이 6평, 화단과 휴식공간이 7평, 나머지는 모두 토종잔디를 깔았고,
직접 재배하는 무공해 먹거리는 물론, 다양한 수목과 화초들을 심어 계절의 변화 모습을
집안에서도 느낄 수 있는 노동과 휴식의 공간으로 설계했습니다.
흙은 가벼운 인공토를 사용했기 때문에 하중은 전혀 문제가 되지 않으며,
처음부터 방수와 배수 시설을 꼼꼼히 해서 여름과 겨울철에는 냉·난방비 절감 효과를 톡톡히 보고 있습니다.

정원 정보

정원유형 : 개인정원

주소 : 경기 성남시 분당구 운중동

정원 면적 : 66㎡

정원을 가꾼 기간 : 3년~5년

정원의 용도 : 우리 가족을 위한 정원, 이야기가 있는 정원,
　　　　　　　건물을 더욱 돋보이게 하는 정원

주요 식재수종 : 조팝, 단풍, 라일락, 영산홍, 나무수국, 남천 외

시설물 현황 : 데크, 파고라, 조형물

관리 작업 : 물주기, 잔디깎기, 제초, 화단조성, 수목 전지·전정

관리 소요시간 : 매일 2시간 이하

관리 주체 : 본인

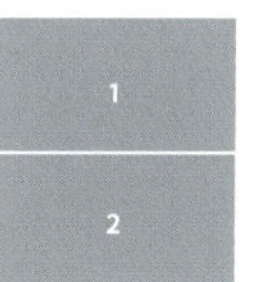

1 덩굴성 식물을 키우기 위해 설치한 트랠리스
2 다양한 식물들이 아늑하게 둘러싸고 있는 휴식공간
3 옥상녹화는 냉 · 난방비 절감에도 도움이 된다.

1
트랠리스에는 호박, 오이 등의 덩굴성 작물도
재배하고 있다.

2
6평 정도의 텃밭을 목재박스로 구분해,
다양한 채소를 키우고 있다.

Q 옥상정원이지만 정말 다양한 수종의 식물들이 돋보이는데 정원을 꾸미면서 가장 중요시 여긴 점은 무엇인가요?

A 좁은 면적이지만 화목 10종, 유실수 7종, 야생화 20여종이 자라고 있습니다. 봄채소를 걷어내는 여름부터는 텃밭 공간의 일부가 한해살이 초화류의 화단으로 탈바꿈 합니다. 정원의 설계시에도 그러하지만 식재할 수목과 화초를 선정할 때도 늘 염두에 두는 것은 "옛 추억의 재연"입니다.

Q 토심을 비롯해서 옥상정원은 식물의 생육 환경이 일반 정원과는 다른데 정원 관리를 할 때, 옥상정원이기 때문에 더 신경을 쓰는 점이 있는지요?

A 기본적으로는 옥상이라고 해서 크게 제약을 받는 요소는 거의 없다고 생각하며 일조량과 통풍 그리고 배수 등의 조건에서는 오히려 옥상이 유리합니다. 다만, 토심의 한계와 월동 능력을 감안해 적합한 수종과 화초를 선정하면 됩니다.

Q 텃밭이 꽤 많은 면적을 차지하고 있는데 정원을 가꾸기 시작한 이후 생활에 변화가 생겼을 것 같은데, 가장 달라진 점은 무엇인가요?

A 목재박스로 구분한 텃밭공간이 모두 10개라서 웬만한 쌈채소와 과채소는 모두 키워볼 수가 있습니다. 텃밭과 가드닝으로 인해 생긴 변화는 두가지인데, 하나는 아무래도 몸을 움직이는 노동이 따르므로 부지런해져서 자연스럽게 체중 감량이 된다는 것이고, 다른 하나는 계절과 때를 기다려야 하기 때문에 인내심이 길러진다는 것입니다.

수상소감
박종봉

수상의 기회를 주신 여러 관계자 분들께 진심으로 감사를 드립니다. 오랜 아파트 생활을 청산하고 5년 전 지붕 활용이 가능한 집으로 이사를 오면서부터 가드닝을 시작했습니다. 돌이켜 보면 나도 모르게 몰입해 수많은 시도를 해보면서 참 열심히도 매달렸던 것 같습니다. 원예라는 취미가 중독성이 이 정도로 강한 지는 미처 몰랐습니다. 이제 옥상정원은 저와 우리 가족의 헬스장이면서 힐링의 공간이 되었습니다. 방치된 옥상공간을 활용해 생활의 여유로움을 누리는 저의 경험을 보다 많은 이웃들과 나누고 싶습니다.

SPECIAL PRIZE
PRIZE
GARDEN

특 별 상 수 상 작

사계절 꽃에 파묻힌 골목길

HOME

 특별상

사계절 꽃에 파묻힌 골목길

꽃 기르기가 좋아 무작정 시작한 일이었고 누구를 위해서 일부러 만든 정원도 아니었습니다.
다만 삭막한 골목길을 화분을 통해 주민들이 좋아하고 함께 나눌 수 있는 장소가 될 수 있음에
행복할 따름입니다.

정원 정보

정원 유형 : 공동정원

주소 : 수원시 장안구 대평로 162번길

정원 면적 : 120㎡

정원을 가꾼 기간 : 10년~20년

정원의 용도 : 지역주민이 함께 가꾸는 정원, 이야기가 있는 정원

주요 식재수종 : 백합, 철쭉, 영산홍, 잔디꽃, 달맞이꽃, 천사사랑꽃나무 외

시설물 현황 : 없음

관리 작업 : 물주기, 화단조성

관리 소요시간 : 매일 2시간 이상

관리 주체 : 본인

1 골목길 구석구석을 푸르게 물들였다.
2 취미 생활로 시작한 골목정원이
  이제는 나누는 즐거움을 선물해주는
  커뮤니티 공간으로 바뀌고 있다.
3, 4
삭막한 골목길의 눈부신 변신

1, 2
조성 초기에는 1년생 식물을 구입해서
골목정원을 꾸몄는데, 이후로는 야생화를
직접 옮겨 심고 있다.

Q 주민들이 지금처럼 골목정원을 가꾸기까지 많은 우여곡절이 있었을 것 같은데, 정원을 가꾸게 된 계기가 있다면요?

A 처음엔 꽃을 기르는 것을 좋아해 온전히 취미생활로 시작했는데 꽃을 가꾸면서 주위 분들과 주민들이 좋아하고 즐기는 모습을 보며 함께 나누는 즐거움을 느껴 더 열심히 가꾸게 되었습니다.

Q 골목정원을 가꾸면서 가장 보람을 느낀 순간과, 정원을 가꾸기 시작하면서 달라진 점이 있다면요?

A 일반 길을 두고 제가 꾸민 골목길로 찾아다니고 예쁘다는 행인들이 많아지고, 골목길에서 주민들과 이야기를 나누는 시간이 많아져서 보람을 느낍니다. 또 잘 가꾸어진 꽃을 보고 본인들이 못 길러 죽어가는 꽃, 식물들도 가지고 와서 살려달라고 하는데 난감하면서도, 잘 보살펴 다시 살아나는 것을 보고 희망과 보람을 느낍니다.

Q 이제는 식물을 가꾸는 노하우도 꽤 많이 생겼을 것 같은데 한두 가지만 소개해준다면요?

A 처음 시작 할 때에는 1년생 식물을 사다가 심었는데 돈이 많이 들어 야생화로 눈을 돌려 직접 옮겨 심어 화단을 가꾸는 데 사용했습니다. 노하우가 아닌 오랜 시간 정성스레 보살펴주면 식물도 그에 반응하는 것이 눈에 보입니다.

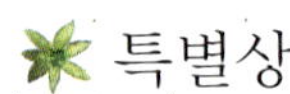 특별상

HOME

HOME이라는 타이틀을 붙인 이 정원은 마음의 고향 같은 곳입니다.
아버님은 오랫동안 늘 그 정원 안에 계셨고, 늘 그 안에서 무언가를 하고 계셨고,
잘 정돈해 놓으신 잔디 위에서 우리 아이들은 걸음마를 하고 공을 찼습니다.
물고기들에게 밥을 주며 놀고, 잠자리 꼬리에 실을 묶어 놓고,
막대기로 땅을 파면서 놀던 아이들은 어른이 되어 바쁜 일상을 살고 ,
피곤에 지친 먼 길을 다녀오기도 하지만, 다시 돌아와 정원을 찾고
그 안에서 추억을 기억해내고 마음을 다스립니다.

정원 정보

정원 유형 : 개인정원

주소 : 경기도 안성시 중앙2길

정원 면적 : 760㎡

정원을 가꾼 기간 : 20년 이상

정원의 용도 : 우리 가족을 위한 정원

주요 식재수종 : 소나무, 주목, 감나무, 영산홍, 철쭉, 미선나무 외

시설물 현황 : 연못, 분수, 파고라, 조형물

관리 작업 : 물주기, 잔디깎기, 제초, 화단조성, 수목 전지·전정

관리 소요시간 : 매일 2시간 이상

관리 주체 : 부부

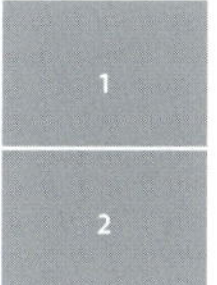

1 상록수와 자연석으로 꾸민 공간
2 자연석을 이용해 축경 양식을 도입하기도 했다.
3 정원 전경

1 정원 한켠에는 텃밭을 조성했다.
2 아이들이 마음껏 뛰어놀 수 있는 잔디밭

Q 40년 이상 가꿔온 정원이니만큼, 각별이 애착이 가는 공간이 있을 것 같은데, 가장 좋아하는 공간과 그 이유는요?

A 연못과 정자가 어우러지는 공간입니다. 정자 위에 가만히 앉아서 물소리를 듣거나, 작은 인기척만 듣고도 모여드는 물고기들 먹이를 던져주고 있노라면 시간가는 줄 모릅니다.

Q 정원 가꾸기의 가장 유익한 점은 무엇이라고 생각하나요?

A 정신적 안정과 건강입니다. 정성을 들여 가꾸고, 사랑해주는 만큼 저에게 마음의 안정과 건강을 가져다 주었습니다. 가끔 바쁘고 복잡한 도시에서의 일을 마치고 돌아와 늦더라도 정원에 물을 주고 있노라면 낮의 피곤함이 모두 함께 씻기는 듯합니다.

Q 나만의 정원 관리 노하우가 있다면요?

A 사십년 동안 아침 저녁으로 물을 주고 가꾸면서 나무와 풀과 꽃들과 많은 대화를 나눕니다.
하루도 쉬지 않고, 그들의 이야기를 들어주고, 관심을 보여주면, 나의 손길을 나무와 풀과 꽃들은 알고 있는 것 같습니다.

화보로 보는 2015 경기정원문화대상

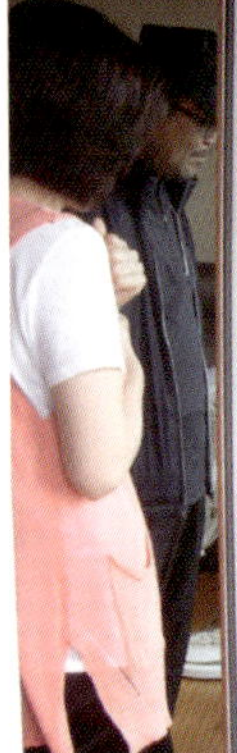

수상작 종합 심사평

경기농림진흥재단에서 격년으로 시행하는 경기정원문화대상 제도는 올해 4번째로 실시되고 있으며 횟수가 거듭될수록 좀 더 다양한 정원 사례를 접하게 된다. 이 또한 본 제도의 목적이며 앞으로 지속적으로 관찰해야 할 방향이라고 할 수 있다. 그동안 응모된 정원의 성격을 살펴보면 정원의 규모에 관계없이 정원이 뜻하는 의미와 중요성을 잘 알 수가 있고 그 정원을 조성하고 가꾸는 사람들의 이야기가 감동적으로 들을 수가 있다.

정원의 조성과 관리의 주체가 누구고 그 정원을 이용하는 사람들이 누구인가에 따라 개인정원과 공동정원으로 구분하여 작품을 접수하였고 그 결과 '2015 경기정원문화대상'은 개인정원 24개소, 공동정원 7개소 총 31개소가 접수되었다.
이번 심사에서 2013년도 제3회 때와 달라진 점은 경기도와 경기농림진흥재단에서 양성한 시민정원사로 구성된 시민심사원 20명을 구성하여 정원유형별(베란다 실내, 실외정원, 암석정원, 플랜트정원)로 구분하여 1차 현장 심사시 개인정원 16개소와 공동정원 5개소를 2차 심사대상지로 선정하였다. 그 이후 정원디자인분야, 식물분야, 정원문화분야 등 정원관련 전문가 8인으로 구성된 전문가 운영회의에서 서류심사와 현장심사가 공정하게 이루어졌다. 1차 시민심사단의 선정결과를 최대한 존중해서 서류심사에 임했으며 전문가 심사위원들의 현장심사를 통해서 정원소유주와의 직접적인 인터뷰를 통해 좀 더 다른 모습의 정원을 발견하고 그에 적절한 최종평가를 하였다.

2015 경기정원문화대상의 대상은 출품작들의 수준과 성향을 고려해서 이번에는 따로 선정하지 않고 비슷한 수준의 우수한 정원 3개소를 금상 수상작으로 선정하였다.

금상 수상작 중 포천시의 '모현보니또정원'은 공동정원 부문으로 출품이 되었으며 호스피스병동 및 노인요양병원의 옥외공간에 조성된 정원으로서 헌신적인 자원봉사자 30명이 환자와 그 가족들을 위해 정성을 다해 조성하고 가꾸어 오는 치료정원이라고 할 수 있다. 특히 과도한 시설투자보다도 다양한 계절 초화류로 정원을 조성하고 몸소 사랑과 나눔을 실천하고 있는 점이 높게 평가되었다.

개인정원 부문에서 금상을 수상한 '플로라하우스'는 정원주 부부가 '정원은 나 혼자만의 것이 아닌 모든 사람이 함께 공유하고 즐길 수 있게 하는 것이 가장 큰 가치'라는 신념을 갖고 척박한 땅에서 10년 이상 정원을 가꿔온 점과 주변 산지와 계곡에 접한 지형적 조건을 자연과 동화되게 조성하고 시설물을 예술적으로 꾸민 점이 감명을 주었다.
또 다른 개인정원 금상 수상작은 성남시에 위치한 '햇살정원'으로 성남의 신도시 분위기와는 달리 자연 속에 묻혀 있는 전원주택형 정원으로서 개인정원으로서는 다소 넓은 편이지만 주변의 자연환경과 조화되게 어우러진 정원을 조성하였고 4계절 내내 꽃과 열매가 풍성하도록 다양한 식물을 조화롭게 구성하고 잘 가꾸고 있다고 할 수 있다. 정원주가 큰 수술 후 이곳에 정착한 뒤 정원을 가꾸기 시작하면서 건강을 되찾았다고 하니 정원의 역할이 우리 삶에 매우 큰 것을 느낄 수가 있었다.

비록 금상은 아니지만 은상과 동상을 수상한 작품들도 대부분 정원조성의 특별한 사연들이 있었고(유럽식 정원선호, 어머니를 그리며, 조경기능사 취득 할머니, 담장이 없는 정원 등), 베란다정원, 옥상정원, 빌라내 정원 등 소규모이지만 정원주의 지극한 관심과 정성을 엿볼 수 있는 정원들도 다양하게 선정되었다.

이번 심사에서는 원래 예정이 없었던 특별상 부문이 만들어졌는데 이는 금상, 은상, 동상의 수상보다는 또 다른 의미의 수상이 필요하다는 판단의 작품이 응모되었기 때문이다.
특별상으로 공동정원 부문에서 선정된 수원시에 위치한 사계절 꽃에 파묻힌 골목길, 자신의 집 앞 골목을 자신의 화분을 내놓음으로써 골목길을 꽃과 푸르름이 있는 공간을 만들었고 스스로 10년 이상 가꾸어 오면서 이웃들의 자발적인 동참을 유도하였고 마을길을 쾌적하고 인정이 넘치는 곳으로 만든 곳이기에 큰 의미가 있어 그 관리자들의 몫으로 돌아가게 되었다.

또 다른 특별상 수상작은 안성시내에 위치하면서 주변의 복잡한 상업시설 중간에 있으며 45년간 정원을 90세 노부부가 정성들여 가꾸어 오면서 정원주의 사랑과 믿음을 연륜으로 보여 주었고 '정원문화확산'에 감사하는 마음으로 수상작으로 선정하였다.

정해진 수상범위에 들지 못해서 이번 수상작에서 탈락한 작품들도 대부분 수상작 못지않게 훌륭한 작품들이었고 아쉬운 감이 크다고 할 수 있다. 각각의 정원 조성 사연과 관리 노력들을 충분히 발견할 수가 있었고 수상에 관계없이 우수한 정원사례로 정원주가 자랑할 만한 정원들이었다. 정원주들께서 절대 실망하지 말고 자신의 정원에 자부심을 가지시고 꾸준히 가꾸어 나가길 바란다.

이번 공모로 되새겨볼 사항은 개인정원의 경우 정원규모와 투자비용 등의 차이를 어떻게 평가할 것인지가 어려웠고 실내 베란다정원의 특성과 그 가치를 실외정원과 비교하는 수준치를 정하는 것도 난제라면 난제였다. 도시민의 많은 사람들이 아파트에 생활하면서 그 주민들이 대다수 실내 또는 1층 정원에서 식물이 있는 조그마한 정원공간을 가꾸고 있는 점을 생각한다면 앞으로 이 또한 적극적으로 발굴해서 평가할 수 있도록 적절한 평가지표를 만들어야 하겠다고 생각한다.

공공정원의 경우 대규모 산업시설 또는 상업시설의 정원이 잘되어 있음에도 불구하고 출품작이 많지 않은 점이 아쉽게 느껴지며, 정원문화의 확산을 위해 공공성을 띠며 다수의 이용자가 공유할 수 정원문화를 찾아내는 노력을 관계자들이 꾸준히 기울여야 한다고 본다.

그럼에도 불구하고 경기농림진흥재단에서 지금까지 들인 노력은 앞으로의 정원문화 발전에 밑거름이 될 것이며, 그 노력 덕분에 경기농림진흥재단은 현재 경기도민 뿐 아니라 전국적인 정원문화확산의 중요한 전파자가 되었다고 할 수 있다. 좀 더 다양하고 시민들에게 다가가는 콘텐츠개발이 요구되며 그와 함께 노력하는 여러 관계자들의 노고에 깊이 감사를 드린다.

2015 경기정원문화대상 심사위원장 김은성

2015 경기정원문화대상 심사위원

번호	소속	직책	이름
1	유림조경기술사사무소	대표	김은성
2	화담숲	고문	김정수
3	아침고요수목원	이사	이병철
4	황학산수목원	이사	이윤영
5	천안연암대학	교수	손관화
6	정원문화포럼	회장	송정섭
7	환경과조경	전무	백정희
8	푸르네	대표	이성현

공모개요

- **공모전명** : 제4회 경기정원문화대상
- **사업기간** : '15. 2~11월
- **공모분야** : 개인정원 및 공동정원
- **시상식 개최** : '15. 10. 8(목) / 박람회 개막식
- **시상내역** : 총 16점 상금(선진지 오픈가든 : 금상, 은상, 동상 견학 포함) 및 동판
- ▶ 금상3개소 : 상금 250만원, 동판
- ▶ 은상5개소 : 상금 200만원, 동판
- ▶ 동상6개소 : 상금 150만원, 동판
- ▶ 특별상2개소 : 동판

- **추진일정**
- ▶ 공모 및 접수 : '15. 3. 9(월) ~ 5.15(금)
- ▶ 1,2차 전문가심사 : '15. 5. 26(화) ~ 7.3(금)
- ▶ 최종당선작 발표 : '15. 7. 8(수)
- ▶ 수상작품집 제작 및 배포 : '15. 8 ~ 9월

공모요강

- **응모기간 :** '15. 3. 9(월)~5. 15(금)
- **응모분야 :** 개인정원 및 공동정원

공모분야		응모기준	신청자
개인정원	주택 및 아파트	개인주택의 (옥상)정원, 아파트 베란다, 아파트 1층 개인 정원을 조성·관리하고 있는 개인	개인
공동정원	공동주택(APT포함)	아파트, 연립주택 등 공동주택의 정원을 아름답게 유지·관리하고 있는 개인이나 공동주택의 부녀회, 입주자회, 주민자치회, 관리사무소 등의 단체	개인 및 단체
	건물	상업·업무·교육용 또는 공공 건물로 옥상, 벽면, 자투리땅 등 건물 주변을 아름답게 정원으로 조성하고 관리하고 있는 건물 소유주나 동 건물과 관련한 개인 및 단체	개인 및 단체
	공장	공장의 근로환경과 주변 환경 개선을 위해 조성된 정원을 아름답게 유지·관리하고 있는 공장 소유주나 동 공장과 관련하여 가꾸기에 참여한 개인이나 단체	개인 및 단체

- **접수방법 및 제출서류**
- 접수방법 : 본인(단체)이 직접 신청 또는 주변인 추천

  메일접수 (dingddon@naver.com)
- 제출서류 : 응모신청서 1부(추천의 경우 추천서 1부)

경기도 공공기관인 경기농림진흥재단은 이런 일을 합니다.

<h1 style="text-align:center">"도시와 농어촌을 잇는 희망의 메신저"</h1>

녹화사업

삭막한 도시에 생명을 불어넣는 도시녹지 조성 및 지원사업, 생활 속의 정원문화 확산을 위한 경기정원문화박람회, 경기정원문화대상, 조경가든대학, 시민정원사 등 도시생활의 행복과 즐거움을 드리며, 녹색시민사회를 만들어갑니다.

미래농업

안전하고 믿을 수 있는 경기도 우수농특산물의 판로 확대와 소비촉진 사업을 추진합니다. 전용 판매관 개설 및 다양한 판촉전 개최, G Food Show 개최, 농업의 융복합화(6차산업화) 등으로 '희망의 경기농산물 마케터'가 활짝 웃는 농업농촌을 만들어갑니다.

도농교류

도시와 농촌간 교류를 통해 상생을 도모하는 가교 역할을 합니다. 도시민과 생산농가를 이어주는 농어촌체험투어, 농업농촌을 배우는 학교농장 및 1교1촌 자매결연, 성공적인 농촌정착을 지원하는 경기귀농귀촌대학, 농업의 가치 전달을 위한 도시농업콘서트, 내집내직장 도시텃밭조성 캠페인 등 다양한 사업을 추진합니다.

친환경급식사업

친환경농산물 소비를 촉진하여 친환경농업을 육성하고, 우수한 식재료를 공급하여 건강한 식생활 형성에 기여합니다. 계약재배, 잔류농약검사 등 안전위생관리, 공급단계 축소, 녹색 식생활 교육 등 친환경 학교급식의 안정적 공급체계를 운영 관리합니다.

연인산도립공원 잣향기 푸른숲

천혜의 자연경관을 자랑하는 가평 소재 연인산도립공원을 2010년부터 관리하고 국민 건강증진을 위한 숲체험학교를 운영합니다. 또한 가평 축령산과 서리산 자락의 잣향기푸른숲에서 산림치유프로그램을 운영합니다.

녹색 담벼락
회색 담벼락을 벗기고, 녹색 담벼락을 입혀주세요

경기농림진흥재단은 도시의 높은 시멘트 담벼락을 허물고, 벽면, 담장, 방음벽, 교각 등
인공적으로 만들어진 구조물에 담쟁이덩굴 등 덩굴식물을 이용하고, 꽃과 나무를 심어
공원과 쉼터를 조성함으로써 녹시율을 증대시키고, 도시경관을 향상하며, 복사열을 줄여
GREEN 경기도를 만들어 갑니다.

경기농림진흥재단
Gyeonggi Green & Agriculture Foundation